U0033274

有機飲食的第一本書

——70道新世紀保健食譜——

陳秋香●著
文字撰寫●林麗娟

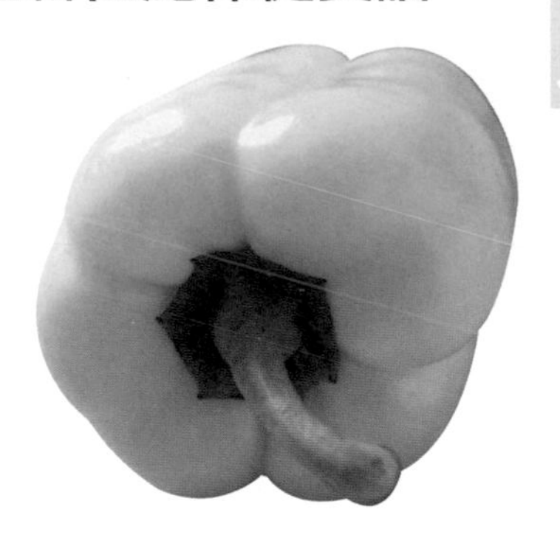

推薦序

有機飲食三步驟

人們就如同所有生活在這地球上的生物一樣，來自於自然，歸屬於大地；然而現代化的精緻加工食物，卻把我們變成了營養不均衡、注重口腹之欲的實驗室白老鼠，讓各種污染無聲無息地侵害著我們的健康。

重新找回健康，你有必要認識並且開始食用有機飲食。食品未過度加工的純淨，自能發揮最單純的功能，也就是維持生命、促進健康；所以，減少不必要的食品添加物攝取，是實踐有機飲食的第一步，也是最容易執行的方式，增色、調味、防腐、提香、安定品質、防止氧化的化學添加物，和DDT殺蟲劑毫無兩樣，對身體的危害遠高於所帶來的利益，不但徒增肝腎負擔，甚至有致癌的危險。

少油、少鹽、少糖的極簡烹調方式，是實踐有機飲食的第二步，你也不難做到，別讓過量的油脂、鹽分與糖精調味料，矇蔽了真實的感覺，只有最新鮮的美味，才禁得起最不加工的烹調處理。

實踐有機飲食的第三步是愛用有機蔬果和五穀雜糧，有機種植不破壞我們賴以生存的土壤大地——我們今天擁有的地球——才能讓後代子孫共享，別讓地球資源被一舉扼殺在我們手裡，追求自然健康的機制，懇求所有子民們一起從有機飲食進行式開始，《有機飲食的第一本書》是全然美味健康、清新養生的好書，值得你珍惜，當做健康生活的第一本實踐範本。

中華有機協會理事長

前言

回歸天然、擁抱健康美味

當地球的生態環境遭受到嚴重破壞時，我們的日常生活也大受影響，最明顯的是含有農藥、化學添加物、放射線物質的受污染食物到處都是，吃進去不容易排出來，有害物質日積月累地阻塞在我們的五臟六腑、肌肉血液內，侵蝕健康，形成慢性疾病，甚至還有致癌的可能。

有機飲食配合適當作息的自然療法，可以改善病症；連帶地，這也是近年來斷食療法、活血分析、大腸水療、保健食品、芳香療法SPA、排毒美容等，如同雨後春筍蓬勃興起的環境前提。所謂「病從口入」，追求健康養生之道，當然還是得從日常飲食著手，提高有機飲食菜餚在三餐裡所佔的比重和取食頻率，生理機能一定可獲好轉。

源於西方醫學的有機飲食MACROBIOTIC，最初是癌症患者的營養配菜守則。然而起初並不美味，因為有機飲食的食材選擇標準是不使用任何人為加工或化學的材料，全部採用天然方式培育生長的食材為主，如此才能把體內有害的物質排除減輕，減少健康上的負擔，進而淨化身體，達成對抗病菌的效益，所以是良性的體內環保方。

雖不強迫吃素，但有機飲食訴求回歸自然，崇尚均衡，除了有機蔬果，肉類方面符合條件的只有無污染的深海海鮮、純淨天然糧食飼養長大再取用的低熱量白肉，儘量以蒸、煮、烤、拌、簡單翻炒兩下即起鍋的方式烹調，以免油份在烹飪過程中產生氧化，反又形成身體的負荷，所以有機飲食也可稱作是延年益壽的飲食。

要讓美味和健康同時並存，烹製有機菜色就得發揮創意，推翻「有機飲食就意謂著無味難吃」的成見，粗俗無文的鄉下村姑才能蛻變成氣質典雅的都會佳麗，除了千篇一律的芽菜沙拉、精力湯和五穀飯，有機飲食其實有更多面貌豐富的菜色可供選擇，好吃，方能推廣得開來，歡迎你加入有機尖兵的陣營，為自己和家人的健康多多充實戰力。

有機飲食5W

Why~為什麼要吃有機食物？

現代人飲食精緻，牙齒咀嚼程度嫌不夠，加上空調辦公、少運動、經常外食，吃進過多化學添加物和農藥殘毒，容易導致新陳代謝失常，許多人依賴外在的方法，如水療、芳療、放血、大腸水療、斷食來排毒，與其如此，不如多吃有機飲食，改善身體機能。

現代醫學之父、古希臘醫哲學家希波克拉底（Hippocrates）倡導：「讓食物成為你的藥物」，飲食療法首先是修正不當的生活方式，不抽菸、不酗酒、多吃纖維質高的有機蔬果、多喝水、養成做運動的習慣，所謂預防重於治療，日常生活中常見的食品添加物包括代糖和阿斯巴甜（常吃會造成頭痛、嘔吐、耳鳴、記憶力衰退等症狀）、味精（會引起口渴、頭痛、嘔吐、心律不整）、市售飲料中摻有的黃色食用五號色素和檸檬紅色二號色素（導致頭痛和傷害皮膚）、油脂中的化學劑（能干擾睡眠和體重）、果乾蜜餞中的戴奧辛，都是危險因子，長期累積體內就可能提高病變、癌症的機率。

中國料理雖說色香味俱全，但是慣用油炸、油炒的烹調方式，卻使我們在三餐點點滴滴中，攝取油脂量超高，無形中對於心血管系統進行「油壓」負向按摩，憑添堵塞不通的壓力，威脅指數節節升高，而蔬菜一經油炸和快炒，和生食相比，所含的維他命 B 、 C 營養成份流失不少，所以主張生食低油、高纖的有機飲食，才是符合文明病叢生的現代人所需。以海鹽取代精鹽、黑糖取代白砂糖，多用有機醬油、天然醋汁等調味料做菜，麻煩多一點點，健康就能贏回很多點。

有機生鮮蔬菜芽菜、五穀粗食配合新時代營養學和中醫養生的觀點，是進行有機健康操、體內環保SPA的完美總動員，長年慢性病、腫瘤患者揚棄肉食，改吃素蔬糙糧，漸次替換高糖、高脂、高油的食物和肉類，逆轉了頑疾癌症的事例屢有所聞，吃肉吃得萎靡不振的人，改吃有機蔬食，反而活力充沛，神清氣爽，健康路上柳暗花明又一村。

When~什麼時候吃有機食物？

追求身體的健康，今天就是開始接受有機飲食的第一時機。

健康之道是把陳年累積在體內的毒素排出體外，然後，拒絕再讓毒素禍從口入，當毒素危害健康的機率減到最低、排毒乾淨，五臟六腑的生理機能回歸到自然、正常，自可以刺激自癒機能，阻止病症來敲門。

有機飲食對於與飲食有關的癌症，特別見效，如腸癌、胃癌、乳癌、攝護腺癌、膽囊癌。預防乳癌，應少吃高脂肪食物，預防胃癌、食道癌應少吃醃漬、高鹽食物，多吃富含維生素A、C的蔬果；預防大腸直腸癌應多吃低脂肪、高纖維、含有鈣離子、維生素C豐富的食物；預防膽囊癌須注意避免青菜尤其是菠菜混著豆腐一起吃，造成石灰質沈積；預防攝護腺癌最好就是把吃南瓜子當成習慣。

身體力行吃有機飲食，打造光明有機，現在起，你可以這樣做：一、多吃天然新鮮的蔬菜、水果；二、多攝取全穀類澱粉如糙米、全麥麵粉、五穀雜糧；三、常到居家附近的有機食材專賣店，去選購不受農藥餘毒和化學添加物如色

素、防腐劑、人工調味料污染的純淨食品；四、儘量不吃動物性食物如雞、鴨、魚、牛肉和牛奶、雞蛋，目前市面上已可買到有機皮蛋等產品，不在限制之列。

別一拖再拖，老是下不了決心地「明天再說」，五年、十年可能一幌眼就過去了，那時毒素累積體內的狀況會更加複雜、嚴重，讓人悔不當初，沒有活力充沛、神清氣爽的今天，又怎能期待美好的明天呢？所以，跟著這本書上路吧！你很快便能體會降毒紓壓的愉悅了。

Who~什麼人適合吃有機食物？
我適合有機飲食嗎？

有機飲食成為生活裡的必要之善，是循序漸進的。

青少年可以常找機會來攝取有機飲食，進行健康上的平衡，成年人則最好把有機飲食的餐數、天數拉多拉長，充分地溶入日常生活，如果每天能喝杯天然蔬果汁或小麥苗汁，一週裡有三、四天把五穀飯、全麥麵做為主餐，就是進步，不妨在陽台栽培一個箱形面積的小麥草或苜蓿芽，再準備台果汁機，確保每天至少攝取一些有機餐飲，與有機更親近。

沒什麼大毛病的健康人士，適合吃有機飲食，讓表面的健康更加落實到表裡一致，有病痛的人更要速速採取有機飲食自然療法救自己，血中三酸甘油脂過高的人就屬於高血脂族群，應該和奶蛋白如油脂、巧克力、全脂奶製品、蛋糕、冰淇淋、乳酪保持距離，和豆蛋白食物如黃豆、豆漿、豆腐、豆皮、豆包、堅果形影不離，吸收卵磷脂，摒棄膽固醇；消化性潰瘍族群最得力的有機食材是苜蓿芽、深綠色蔬菜，每天喝一杯富含抗潰瘍葉綠素的小麥草，功效立竿見影。

高血壓族群應該對油脂、精製糖類食品、醃漬品和高鈉過鹹的食品設下禁制令，歡歡喜喜迎進高纖維的有機蔬果；糖尿病患者絕對要對高脂肪、奶製品和油炸食品、精製白米、白麵、白糖、糕點、過甜過鹹的食品説NO！多喝水，並讓糙米、全麥、豆類、堅果、菇蕈、高纖蔬果、抗癌綠花椰菜遞補正位；尿酸過高、痛風族群得嚴格禁食高普林食物如海產、動物內臟、豆類，把低脂、低鹽奉為最高準則，多喝水，不吃過甜的罐頭水果和飲料，不讓酒精有機可趁，多吃有機蔬果和五穀類食物。

對抗濕疹、黑斑等皮膚病，把有機變無機的熟食要少吃為宜，煎、烤、炸烹調法有害處，不如清淡生食多吃有益，每天至少喝一杯水果汁或蔬菜汁；告別肥胖，採取有機飲食更能理想地促動體內新陳代謝正常化，排除脂肪和廢贅物的橫向囤積，精製加工品白米、白麵、白糖該列為拒絕往來對象，高脂肪和高糖分食物是致胖致病因子，也要把它驅逐出境，豆類、全穀類、高纖蔬果儘管來；挽留骨本，預防骨質疏鬆症別與奶、肉、高磷酸加工食品如香腸、熱狗、火腿、速食麵、洋芋片、可樂為伍，種子、豆類、海菜海帶、綠色蔬菜才是好朋友。

增強抵抗力和記憶力、防止感冒、失眠、神經衰弱、老化、慢性疲勞症候群、痔瘡、便秘、腹瀉、掉髮、胃腸病、肝臟病、高膽固醇、風濕、膽結石、關節炎、氣喘、腫瘤癌症、輻射線引起的乾眼症者，都很適合採行有機飲食法，救

健康，救自己，救家人。

Which~哪些東西算是有機食物

「有機飲食」指的是生吃有機耕種、不使用化學肥料和農藥所栽種的新鮮蔬果，不吃動物性食品，但可以吃優酪乳。

有機飲食由生食延伸發展而成，所持的理念是生吃可減少植物所含營養素遭到破壞，同時可攝取較高的酵素和抗氧化的維生素；如果熱食，也要省略無謂的烹炒程序，簡單、必要的蒸煮就夠了，炒得過頭反而流失諸多可貴的營養素。

但專家也提醒大家，攝取有機飲食有益身心，卻不是治病的正規途徑，所以病患不應放棄正統醫學的療法，以免延誤就醫，或使病況提前惡化。

目前衛生署尚未完成販售有機食品的管理辦法，有機認證也欠缺嚴謹的稽查實證，常有漏網之魚，不管在台灣或歐美，常常發生假冒有機農產品高價行銷的事例，不肖業者只要自行貼上有機標章就大肆魚目混珠，牟取暴利，所以消費者光是看看表面的有機標章是不夠的，最好確實了解農作物的來源和認證標章的可信度，例如實地前往有機農園參觀、考慮農園業者的信譽指標如何再購買。

每天三餐吃得有智慧，可在主食裡增加糙米、穀類、全麥麵條、全麥麵包、全麥饅頭的份量，減少精製白米和白麵的比例，少吃白糖和零食，早餐可以喝蔬果汁配些堅果，滋養好消化，午餐即可多樣化地吃些炒菜、生菜沙拉和五穀飯類，晚餐進食些蛋白質的蔬果和芽菜，菜量、澱粉類麵食不必多，八分飽就好。

How~有機食物哪裡買？

喜好有機消費者，可到有機農產品專賣店選購，或直接向有機農業生產者訂購有機農產品。

【有機農產品3大選購要領】

1.選擇合時令的蔬果：不合時令的蔬果會噴灑農藥來提前或延後採收，長期儲存或進口的水果則必須施以藥劑延長貯存時間。

2.選擇經過認證的產品：臺灣農林廳目前已核發「吉園圃（GAP）為認證標章，目前政府委託認證的團體，有國際美育自然生態基金會、中華民國有機農業產銷經營協會、台灣省有機農業生產協會；主婦聯盟在共同採購時也會有檢驗過程。

3.依蔬果外觀評定：如果實大小、顏色及果實亮度均可評定，一般而言，有機栽培的蔬果因為不使用化肥農藥或荷爾蒙製劑，外觀會較小而不豐腴，如有機栽培香蕉果實較小、果肉較軟。

【全省有機飲食商店概覽】

台北市

主婦聯盟	共同購買全省據點詢問專線02-2999-5228
有機世界	仁愛路4段71巷25號 TEL：02-2776-2228
統一有機	四維路14巷8號 TEL：02-2701-3310
家家樂有機	民權西路184巷49號 TEL：02-2553-6487
有機緣地	內湖區成功路4段30巷9號 TEL：02-2794-8382
	虎林街83號 TEL：02-8787-2429
綠色小鎮	文山區永安街6巷1號 TEL：02-2939-6982
樸園	牯嶺街50號 TEL：02-2356-0829
	忠誠路2段50巷9號 TEL：02-2833-6258
活水源	內江街72號 TEL：02-2375-7897
	吳興街109號 TEL：02-2722-5619
天福有機	士林區德行東路129巷21號 TEL：02-2835-5953
有機田	松山路336巷15號 TEL：02-2762-7540
有機廚房	羅斯福路3段283巷30號 TEL：02-2369-6206

台北縣

綠園	中和市泰和街38巷39號 TEL：02-2247-0765
淨化園	板橋市民族路129巷25號 TEL：02-2963-7531
真實園	永和市中和路383號 TEL：02-2927-1503
蒲公英	板橋市大東街39號 TEL：02-2272-3049
樸園	新店市大豐路26號 TEL：02-2911-3205
	永和市復興街55號 TEL：02-3233-6288
綠色小鎮	板橋市松柏街57號 TEL：02-2250-6881
	新莊市建興街11號 TEL：02-8991-2516
寶苗供應站	板橋市陽明街36號 TEL：02-2259-0684

桃園縣市

富豐有機茶 楊梅鎮埔心新興街97號 TEL：03-482-3611

有機世界 文中路307號 TEL：03-360-1062

新竹縣市

慧光有機 博愛街27號 TEL：03-5722360

竹北有機 竹北市縣政二路43號 TEL：03-554-2568

台中縣市

草之根 中港路3段世斌1巷25弄2號 TEL：04-2463-3547

大台中有機 華美街308號 TEL：04-2326-6643

有機園 向上路1段126號 TEL：04-2325-9689

鮮綠屋 五常街172號 TEL：04-2201-4655

廖媽媽 三民路1段150巷1號 TEL：04-2371-8880

長生 漢口路4段369-3號2樓TEL：04-2235-6858

家家 中港路3段132號 TEL：04-2461-5650

南屯路1段29-1號 TEL：04-2376-5469

進德北路4號 TEL：04-2360-4606

愛心園 豐原市明政街6號 TEL：04-2527-4028

欣滿 豐原市豐陽路150號 TEL：04-2523-0133

彰化縣市

群森 員林鎮浮圳路2段553號 TEL：048-355-178

天然成 彰化市南孝街148號 TEL：047-258-720

南投縣

德正 草屯鎮虎山路428號 TEL：049-235-8801

嘉義市

生機飲食 新民路569號 TEL：05-236-1795

菩提園 大雅路2段418號 TEL：05-278-6819

台南縣市

天然園 公園路900巷26號 TEL：06-283-3588

有機世界 富農街1段224號 TEL：06-268-2241

清涼世界 興華街7號 TEL：06-228-9895

有機世界 佳里鎮中山路231號 TEL：06-723-3219

清涼世界 佳里鎮義民街149號 TEL：06-722-5075

高雄縣市

福樂利 鳳山市經武路270號 TEL：07-710-3335

長生 甲仙鄉新興路162號 TEL：07-732-7392

天然成 三民區明仁路25號 TEL：07-345-3626

天心園 三民區澄和路130-1號 TEL：07-387-5307

綠吉園 自強二路29號 TEL：07-241-6779

陽明路423號 TEL：07-398-5216

緣心園 楠梓區朝明路160號 TEL：07-353-8268

自然園 孔營路57號 TEL：07-581-7588

綠色地球 前金區文武1街96號10樓-1 TEL：07-216-6200

花蓮市

菩提園 新港街76-3號 TEL：038-33-5733

宜蘭市

樂明福 舊城南路26號 TEL：039-359-891

這些網站可以獲得有機飲食的資訊

行政院農委會 www.suncolor.com.tw

農業試驗所 http://www.tari.gov.tw/

台中區農業改良場 http://www.tdais.gov.tw/

有機之談 http://ae-organic.ilantech.edu.tw/

瑠公農業產銷基金會 http://www.liukung.org.tw/index7T.asp

主婦聯盟合作社

ttp://forum.yam.org.tw/women/backinfo/recreation/coop/index.html

統一有機便利購

http://7eshop.com.tw/organicsexe/frontend/default.asp

contents 目錄

沙拉・涼拌

芥末秋葵……17

檸檬醋拌蓮藕……19

海帶若芽白菜梗……20

紫蘇紅油黃瓜……21

涼拌蘆筍乳酪彩椒……22

涼拌苦瓜……23

涼拌山藥……25

紅蘿蔔嫩薑卷……26

荷包飽滿……27

水果球盅……28

山楂甘菊桃……29

奇異果泥蘑菇……31

蘆薈桂花蜜……32

蒟蒻雙巧……33

日式涼拌豆腐……35

熱炒・主菜

山蘇炒百合……39

栗子燜竹筍……40

蜜汁百頁……41

白玉苦瓜……43

奶油花椰菜……43

梅干燜筍……44

三杯猴頭菇……45

荸薺燴南杏……47

腰果百匯……48

烤麩蘿蔔……49

清蒸樹子秀珍菇……50

紅毛丹素塊……51

生菜鬆……53

冬蟲炒甜豆……55

玉香紫茄……56

鮮烤帝王菇……57

黑胡椒、紅糟雙味排餐……59

焗烤南瓜……61

焗烤山藥蔬菜……61

寶莧[illegible]菜……63

香草蔬食鍋……65

推薦序／有機飲食三步驟……2　前言／回歸天然、擁抱健康美味……3

有機飲食5w……5

■Why~為什麼要吃有機食物？■When~什麼時候吃有機食物？

■Who~什麼人適合吃有機食物？我適合有機飲食嗎？■Which~哪些東西算是有機食物？

■How~有機食物哪裡買？全省有機飲食商店概覽

米飯・麵食

鬱金香飯……69

健康核桃飯……70

梅干五穀飯……71

香椿松子炒飯……73

金黃咖哩飯……75

巧蔬細麵……77

青紫蘇麵……79

麻香乾麵線……81

苦茶油麵線……82

南瓜炒米粉……83

荷葉糯米卷……84

芽菜手卷……85

蔬食鍋貼……87

紅油炒手……89

點心・飲品

如意榴槤卷……93

紅豆芝麻球……94

鄉村薄餅……95

茯苓桔梗銀耳湯……96

芋頭蓮子……97

三仁茶……99

石斛蘆根薄荷茶……101

糙米昆布綠茶湯……103

苜蓿芽紅龍果汁……104

馬鈴薯山藥汁……105

酒釀梅汁……107

高麗菜汁……107

鳳梨牧草汁……109

山藥彩椒汁……109

馬鈴薯蘋果汁……111

地瓜葉蜜瓜汁……111

精力湯……113

紅龍果酪梨汁……113

香蘋芒果汁……115

五葉松蘋果汁……115

沙拉・涼拌

芥末秋葵

芥末秋葵。

【材料】

秋葵300g.、山藥100g.。

【調味料】

芥末1小匙、素蠔油少許。

【做法】

1. 秋葵洗淨，切掉硬蒂，放入加鹽的滾水中燙熟，撈起瀝乾，排入盤中備用。
2. 山藥去皮，磨成泥，加入調味料混合均勻，放入小碟中做為沾醬即成。

秋葵
秋葵的食物纖維有利腸子的蠕動，所以對於便秘和腹瀉有緩和的作用，是一種整腸的健康蔬菜；所含的黏質更能益腎。除了涼拌以外，還可炒、煮、炸，享受不同的獨特美味，汆燙後的秋葵淋上有機醬油就很好吃。

檸檬醋拌蓮藕

檸檬醋拌蓮藕。

【材料】

蓮藕600g.、檸檬1個、薑4片。

【調味料】

檸檬醋5c.c.、冰糖20g.、鹽少許。

【做法】

1. 蓮藕去皮，切薄片，汆燙5分鐘，撈起沖涼備用。
2. 檸檬洗淨，切片。
3. 所有材料與調味料一起拌勻，放入冰箱中冷藏至入味即成。

檸檬醋自己做

600g.檸檬汁加150g.糖、500c.c.糯米醋泡好即成檸檬醋，檸檬富含維生素C、B_1、B_2，可消除疲勞、美白減肥、止渴、去腥，以數滴佐肉就能提味生香，檸檬醋更可以生津健胃、預防感冒，但孕婦和消化道潰瘍患者不宜食用。

蓮藕

蓮藕可以生食，炒食時也略炒即可，以免維生素等營養份流失，含有能健胃補腎的膠質，並能涼血散瘀、解除肺胃的燥熱和流鼻血症，選擇時以節部呈黑褐色、兩頭白色者為佳。

若芽
是一種海帶產物，因含青海苔粉拌混而呈現自然的綠色，富含碘質和多糖體，有助於預防甲狀腺腫大和抗癌，若芽本身的味道相當清淡，很適合做涼拌菜，調入喜愛的醬汁很能促進食欲，撒上少許黑白芝麻更能增添營養，也可打成蔬果汁飲用。

海帶若芽白菜梗。

【材料】

白菜梗300g.、海帶若芽75g.、芹菜1株、薑絲少許、辣椒絲少許。

【調味料】

胡椒粉1/2小匙、香油1小匙。

【做法】

1. 大白菜、芹菜摘去葉子，取梗，洗淨後切2公分小段，再切成約0.5公分寬的絲。
2. 所有材料與調味料放入容器中充分拌勻即成。

小黃瓜

含有鉀、鈣、磷、鐵和維生素A、C、B_1、B_2、菸鹼酸，是一年四季都可吃到的多產鮮蔬，小黃瓜約有20多個不同的品種，均肉嫩多汁，生食或熱食均可，是夏季時清熱解暑、美白利尿的上等蔬菜，敷抹在皮膚上還可以防止黑色素沈澱，中醫認為屬性寒的食物，所以體虛者不宜多吃。

紫蘇紅油黃瓜。

【材料】

小黃瓜300g.、紫蘇葉10片。

【調味料】

冰糖1小匙、紅油、鹽各少許。

【做法】

1. 小黃瓜洗淨切1公分小圈，用鹽醃10分鐘，將水擠乾。
2. 紫蘇葉洗淨後以少許鹽搓軟。
3. 將材料與調味料拌勻即成。

蘆筍

分為白蘆筍和綠蘆筍兩種品種，嫩莖未突出地面便採收的是白蘆筍，主要用來製成罐頭；白蘆筍突出地面後經陽光照射變成綠色便是綠蘆筍，通常栽培於砂土中。多吃蘆筍可以預防高血壓、防止血管硬化，含有鈣、磷、鐵、鈉、鉀、鎂、鋅、維生素A、C、B_1、B_2、B_6等營養。

涼拌蘆筍乳酪彩椒。

【材料】

蘆筍300g.、紅、黃彩椒各1個、乳酪絲少許。

【調味料】

香油1小匙、鹽、黑胡椒各少許。

【做法】

❶ 蘆筍洗淨、撕除較老硬的表皮，切2公分長段，放入滾水中汆燙再冷卻備用。
❷ 彩椒去蒂及籽後切成與蘆筍相似大小。
❸ 所有的材料攪勻，再加上調味料拌勻即成。

苦瓜
苦瓜的藥用價值很高，中醫常用苦瓜做為單方治療劑，煮苦瓜湯或做菜都很適合，可以幫助解熱，並有助防治糖尿病及抗癌。苦瓜很容易種植，買條成熟苦瓜，取出種子播種即可，待成長後再搭棚架讓它攀爬，並定期施肥，4個月便能享苦盡甘來的成果。

涼拌苦瓜。

【材料】

綠苦瓜1條、辣椒、嫩薑各少許。

【調味料】

鹽1/2小匙、冰糖1小匙、糯米醋1大匙。

【做法】

❶ 苦瓜切開去籽切薄片，以滾水汆燙去苦味。

❷ 瀝乾後與切末的辣椒、嫩薑及調味料拌勻即成。

涼拌山藥。

涼拌山藥。

【材料】

山藥300g.。

【調味料】

芥末1/2小匙、薑末1小匙、素蠔油1小匙。

【做法】

1. 山藥洗淨去皮後以波浪刀切片，放入冰箱中略冷藏。
2. 將所有調味料調勻後，淋在冰好的山藥上即可食用。

山藥

性平味甘，富含纖維質，能健脾胃、預防大腸癌並強化體質，對於體弱氣虛、腎功能衰弱的婦女有調理的作用，而對於成長中的青少年則可滋補強壯、提高注意力，俗稱為窮人的人參。市面上有台灣山藥和日本長形山藥，紅山藥比白山藥更具有補血的功效。

紅蘿蔔

胡蘿蔔富有維生素A和C、葡萄糖、氨基酸，有益於眼疾、糖尿病、更年期障礙者改善不適的症狀。初夏收成的紅蘿蔔味道溫和鮮甜，水煮或清蒸皆宜，也可加奶油和香料熱炒來吃，具有耐煮的特性所以也可用做煨菜與煮湯，常用於生菜沙拉來增加美感與營養。

紅蘿蔔嫩薑捲。

【材料】

紅蘿蔔1條、嫩薑600g.。

【調味料】

冰糖150g.、白醋5c.c.、鹽少許。

【做法】

1. 紅蘿蔔去皮切薄片，以鹽水醃泡10分鐘軟化，擠乾水份。
2. 嫩薑洗淨切1公分寬的長片，與紅蘿蔔一起與調味料拌勻調味。
3. 取出紅蘿蔔片將嫩薑包捲起來，用牙籤插住固定即成。

豆腐皮

黃豆製成的豆皮，是有機素食中常用的材料，清爽不油膩，簡易的涼拌就是道樸實美味的開胃菜，富含大豆卵磷脂、蛋白質，營養豐富，能強健身體、提高免疫力、消除疲勞，又能抗癌，但應注意避免油炸，如需油炸以有機油為佳。

荷包飽滿。

【材料】

❶ 壽司豆皮4塊、乾瓢瓜絲1條。

❷ 豆干1個、芋頭丁1/2碗、香菇丁1/2碗、火腿丁1/2碗。

【調味料】

豆酥2大匙、胡椒、鹽各少許。

【做法】

❶ 將豆干切丁，與材料❷依序入鍋炒熟。

❷ 加入調味料炒勻當餡。

❸ 包入壽司豆皮，以乾瓢瓜絲包紮即成。

香瓜

又名甜瓜，含有維生素B、C和高量的纖維，是台灣常見的水果，瓜肉清熱解暑，具有利尿作用，可消除浮腫，對於腎臟機能障礙和膀胱炎很有助益，並可止渴除煩。

水果球盅。

【材料】

香瓜1個、奇異果1個、蘋果1/2個、酪梨適量。

【調味料】

優酪乳適量。

【做法】

❶ 奇異果、蘋果、酪梨去皮切塊。

❷ 香瓜去皮及籽做成盅，放入所有水果，淋上優酪乳即成。

山楂
藥物作用成分豐富，有維生素C、檸檬酸、氰酸、草酸鈣、膽鹼、皂鹼素、酒石酸、山楂酸及多種可抗癌的三帖酸類化合物、黃酮醇類化合物，花青甘、紅酚、表兒茶酚和脂肪分解酵素等，可以消食除積、去油解膩，是減肥最佳食材，但不宜高溫久煮。

山楂甘菊桃。

【材料】

桃子6個、山楂75g.、甘菊37.5g.、冰糖、鹽少許。

【做法】

1. 桃子洗淨去籽，切成6片，用鹽醃20分鐘，將水份擠乾。
2. 鍋中放入適量水，加入山楂、甘菊、冰糖小火煮10分鐘，將楂濾掉後放涼。
3. 將擠乾之桃子放入調好之山楂甘菊汁，置入冰箱冷藏即成。

奇異果泥蘑菇

奇異果泥蘑菇。

【材料】

蘑菇6個、奇異果1個。

【調味料】

沙拉醬2大匙、檸檬汁少許。

【做法】

❶ 蘑菇汆燙後切薄片。

❷ 奇異果去皮磨成泥，與調味料混合均勻，再倒入盤中，放上切片的蘑菇即成。

奇異果

維生素C含量為水果之冠，因此是美容養顏的最佳選擇，含有礦物質鎂、鉀，有抗氧化功能，具有預防癌症、養治慢性疾病的效果，目前市面上有綠色及金色兩種果肉，綠色果肉奇異果比起金黃果肉常見且受歡迎，功效也以綠色者較佳。

蘆薈

能利膽健胃、消炎通經，可治膽囊炎、黃膽、婦女閉經、食積便秘、結膜炎，蘆薈品種很多，極易種植，不須施灑農藥，切開有刺的綠葉外皮即可取用肥厚的蘆薈肉，夏日時涼拌食用相當清爽，添加枸杞或淋上蜂蜜汁食用風味更佳。

蘆薈桂花蜜。

【材料】

蘆薈600g.、桂花醬2g.、枸杞子10粒、冰糖1小匙、蜂蜜1小匙。

【做法】

1. 桂花醬加冰糖煮成蜜汁，待涼後加入蜂蜜與枸杞子調勻。
2. 蘆薈去皮，切片後盛盤，淋上桂花蜜汁即成。

蒟蒻

蒟蒻是由類似芋頭的天南星科植物魔芋切片、乾燥、磨粉調製成的，黏性及彈性均強，可製成素蝦、素花枝形狀的各式素食材料，另可添加在膠凍粉中，使質地更加堅實，蒟蒻生食時沾芥末或糖醋醬均很有滋味。

糖醋醬汁

可用薑末加番茄醬，也可用醬油50c.c.加番茄醬50c.c.、黑醋5c.c.、檸檬汁5c.c.和少許冰糖製成，各有不同的酸甜風味。

蒟蒻雙巧。

【材料】

蒟蒻150g.。

【調味料】

❶ 芥末1/4小匙、蠔油1/2小匙。

❷ 薑末1/2小匙、糖、醋、番茄醬少許。

【做法】

蒟蒻汆燙1分鐘，撈起泡冷，盛盤後淋上調味料❶或❷即成。

熱炒・主菜

栗子
果實外殼長滿刺蝟般尖刺的栗子，又稱糧食樹，台灣產的栗子不能久藏，一採收就必須馬上食用，除糖炒栗子外，在烹調上常用來燉雞或燉排骨，吃栗子時宜細嚼慢嚥，才能帶動漿汁轉化為葡萄糖，但不宜一次吃多，以免腹脹不適。

栗子燜竹筍。

【材料】

綠竹筍600g.、栗子300g.、小黃瓜1/2條、香菇2朵。

【調味料】

❶ 素蠔油1大匙、冰糖1/2小匙。

❷ 鹽1小匙。

【做法】

❶ 栗子泡水20分鐘並洗淨，綠竹筍洗淨切滾刀塊，香菇、小黃瓜切塊。

❷ 鍋中入油爆香香菇，依順序加入栗子、綠竹筍、與調味料❶小火燜煮20分鐘，再加入小黃瓜與調味料❷煮熟即成。

豆腐
百頁豆腐是由黃豆所製成的，營養成分與豆腐相似均含有豐富的碳水化合物、蛋白質及維生素與礦物質，同樣具有幫助預防乳癌、攝護腺癌、心血管疾病，及清熱、消炎、解毒、抗老化、降低血脂肪和膽固醇的功效。

蜜汁百頁。

【材料】

百頁豆腐1塊、冰糖、麥芽糖、素蠔油、芝麻、海苔適量。

【做法】

1. 將百頁豆腐切2公分段，包上海苔，油炸備用。
2. 冰糖、麥芽糖、蠔油煮勻，淋在百頁豆腐上，撒上白芝麻即成。

甘蔗筍

甘蔗莖上部幼嫩的蔗尾部分，就稱為「甘蔗筍」，在紅甘蔗的盛產地如埔里、國姓、魚池、水里、二水等，每年10月至次年3月間可買到較大量人工採收的甘蔗筍，是不施農藥的健康清潔蔬菜，紅、白甘蔗筍品種都可吃。

梅干燜筍。

【材料】

甘蔗筍600g.、梅干菜75g.、香菇4朵、紅辣椒1支、薑片少許。

【調味料】

糖1/2小匙、鹽少許。

【做法】

1. 梅干菜洗淨切小塊，泡水20分鐘後撈起備用。
2. 香菇、紅辣椒、薑片入鍋爆香，加入甘蔗筍、梅干菜小火燜煮10分鐘，加入調味料煮勻即成。

猴頭菇
猴頭菇的氨基酸含量是香菇所含的兩倍，有豐富的蛋白質、維生素B_1、D和E、礦物質磷、鈉、鉀，可健脾胃、助消化，滋養補身，在古代宮廷御膳裡屬於山中八珍高貴食材之一，價格較高，屬於菇蕈類的猴頭菇同樣有抗癌及提高免疫力的效用。

三杯猴頭菇。

【材料】

猴頭菇600g.、香菇2朵、腰果1大匙、銀杏10個、紅棗5個、薑片4片、九層塔10g.、紅辣椒片適量。

【調味料】

素蠔油1小匙、鹽少許。

【做法】

❶ 香菇入鍋爆香，加入猴頭菇、腰果及素蠔油炒出香味。
❷ 依序加入銀杏、紅棗、九層塔快炒，再加鹽調味即成。

荸薺燴南杏。

荸薺燴南杏。

【材料】

荸薺600g.、南杏75g.、紅棗5個、芹菜末適量。

【調味料】

香油1/2小匙、太白粉1小匙。

【做法】

1. 荸薺去皮洗淨、汆燙備用，紅棗泡軟。
2. 鍋中加適量水放入南杏煮5分鐘，依序加入荸薺、紅棗、芹菜末煮熟，以太白粉芶芡。
3. 盛盤後淋上香油即可。

荸薺

含有豐富的維生素A、C和礦物質、蛋白質、纖維，口感清脆，不受熱炒而降低美味，有機荸薺保留完全的營養分，一般適合用來炒什錦菜色，白色和其他紅、綠菜色配在一起，更能增進食欲。

腰果
腰果向來是喜宴中不可或缺的果品，甜中帶酸，可以生食或供作釀造的原料，也可加工製造果醬、飲料和釀酒。選購上以果仁大而飽滿者為理想，含有蛋白質、脂肪、醣類、纖維、維生素A、C、磷、鈣等營養。

彩椒
彩椒又稱甜椒，從最早帶有腥臭味的青椒歷經改良到無味的多色甜椒，今日已成園藝新寵，富含維生素C和矽元素，以及鈣、磷、鐵、鈉、鉀、鎂、鋅等，可促進人體新陳代謝、增強人體免疫能力，為美容養顏、抗衰老的最佳果菜。

腰果百匯。

【材料】

腰果10個、蘆筍3支、紅彩椒1/2個、豬肉50g.、香菇2朵、鹽少許。

【做法】

1. 腰果洗淨，以冷油炸至呈金黃色，撈出。
2. 蘆筍去掉硬皮切段。紅彩椒及香菇切小片。豬肉切條過油備用。
3. 起油鍋，加入蘆筍與少量的水炒熟，依序加入香菇、彩椒、腰果、肉片略炒即成。

蘿蔔

俗話說「蘿蔔賽過梨」，蘿蔔的營養度、清脆度都高，而且所含的維生素是蘋果的8～10倍，還富含鈣、磷、鐵、鈉、鉀、鎂、鋅、維生素C、B_1、B_2、B_6等，可促進胃腸消化、降低血壓、預防動脈硬化，並能解毒及消除脂肪推積。

烤麩蘿蔔。

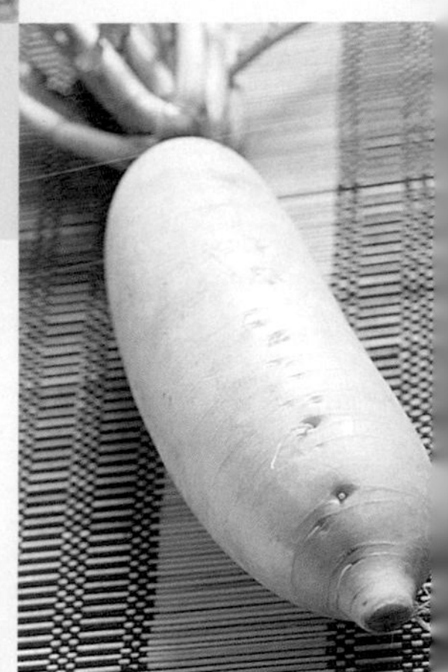

【材料】

烤麩600g.、紅蘿蔔1條、白蘿蔔1條、香菇2朵、八角2粒。

【調味料】

素蠔油1小匙、鹽少許。

【做法】

1. 烤麩炸過備用。紅、白蘿蔔切滾刀塊。
2. 起油鍋放入香菇爆香，倒入適量的水與素蠔油，依序加入烤麩、紅白蘿蔔、八角，以小火燜20分鐘後加鹽調味即成。

樹子

生的樹子煮過，2.5～3小時後加鹽即製成我們常見的罐裝成品，富含膠質對胃腎很有益處。最好放在冰箱冷藏，並避免碰到水份以防止腐壞，視用量多少再自冰箱取出即可，一般常誤以為樹子是醃漬物，不利健康，但樹子卻是天然有機食物，可安心食用。

清蒸樹子秀珍菇。

【材料】

樹子1罐、秀珍菇600g.、芹菜絲50g.、紅辣椒20g.、薑絲少許。

【調味料】

鹽少許、香油1/2小匙。

【做法】

1. 秀珍菇洗淨盛盤。
2. 排上芹菜絲、樹子、辣椒絲、薑絲入鍋蒸20分鐘，淋上香油即成。

紅毛丹
與荔枝、龍眼同屬無患子科果樹，汁甜而含豐富維生素C，用途上，成熟果實專供食用，乾皮可做藥材，根葉煎汁可解熱，治療熱病，梢頭部份則可用做染料，亞熱帶國家把紅毛丹種植於住宅庭園及公園，以為造景美化之用。

紅毛丹素塊。

【材料】

紅毛丹10粒、素肉塊200g.、木耳40g.、鳳梨2片。

【調味料】

冰糖1/2小匙、白醋1小匙、鹽少許。

【做法】

❶ 紅毛丹去皮去籽。素肉塊泡軟擠乾水。木耳、鳳梨切小塊。
❷ 每粒紅毛丹包入適量的鳳梨。
❸ 起油鍋，放入所有的材料炒熟，加入調味料調味即成。

生菜鬆

生菜鬆。

【材料】

❶ 美生菜300g.。

❷ 香菇2朵、荸薺5個、火腿120g.、青豆100g.、紅甜椒1/2個、松豆酥2大匙。

【做法】

❶ 美生菜洗淨取碟型嫩葉。香菇泡軟切小丁。荸薺、火腿、紅甜椒切小丁。

❷ 起油鍋放入材料❷炒出香味，放涼後填入美生菜上即成。

美生菜

含有維生素、礦物質和高纖維，歐洲一年四季都有產量，台灣的市場用量愈來愈大，國內也已有種植。生吃非常爽脆，是沙拉檯上經常出現的生菜。生菜鬆的做法是把美生菜撕成小片如碗狀，可以包進熱炒後的材料，生鮮美味且清脆過癮。

冬蟲炒甜豆。

冬蟲炒甜豆。

【材料】

甜豆300g.、冬蟲150g.、薑片少許。

【調味料】

鹽、香油少許。

【做法】

❶ 起油鍋爆香薑片，放入冬蟲煮熟。

❷ 加入甜豆炒熟，放入調味料略炒即成。

冬蟲

冬蟲味甘、性平，以產於四川、西藏的冬蟲夏草最為豐滿肥大，色澤帶著黃亮品質最佳，購買時應折斷檢查內部有無灌鉛。主要具有補心肺、益腎、抗衰老的作用，於改善神經衰弱、咳嗽及明目，市面上白色如蠶狀的是稱為「地蠶」的假冒品，取其白脆可吃，但並無療效。

甜豆

甜豆屬於豆科植物，豆莢、豆仁都可食用，含有豐富的胡蘿蔔素和維生素A、B_1、B_2、C、膳食纖維，高纖維可幫忙降低膽固醇和血壓，並有助於控制血糖，抑制腸道內病毒和抗癌，市面上另有日本甜豆是豆莢和豆仁都更為飽滿的品種。

茄子

含有鈣、磷、鐵、鈉、鉀、鎂、鋅、維生素A、C、B_1、B_2、B_6等營養，茄子中的抗癌物質叫做龍葵鹼，可抑制消化道腫瘤的增殖，解熱、鎮痛，對胃癌、皮膚癌、子宮頸癌有良好療效，多吃茄子可以攝取大量的維生素P，能增強血管的彈性，防止血管破裂。

玉香紫茄。

【材料】

❶ 茄子300g.

❷ 香菇2朵、荸薺5粒、芹菜1株、火腿少許、薑末少許。

【調味料】

辣豆瓣醬2小匙、蠔油1小匙、鹽少許。

【做法】

❶ 茄子洗淨切滾刀塊，放入油鍋中炸熟。

❷ 將材料❷切末備用。

❸ 起油鍋爆香香菇，加入切好之材料❷炒香，再加入調味料調味即成。

帝王菇

屬於菇蕈類，含有纖維、高蛋白、維生素A、B_1、多醣體、氨基酸、醣脂質，並有菇類特別富含的基多醣，可幫助活化細胞、刺激腸胃蠕動、消除便秘、降低膽固醇，烹調上適合清蒸、烤食，清淡養生，且具抗癌、提高免疫力的功效，但因會降血醣，不宜一次吃多。

鮮烤帝王菇。

【材料】

帝王菇300g.、奶油1大匙、黑胡椒醬或磨菇醬少許。

【做法】

❶ 帝王菇抹上奶油，置入烤箱烤5分鐘。

❷ 淋上黑胡椒醬或磨菇醬即成。

黑胡椒、紅糟雙味排餐

黑胡椒、紅糟雙味排餐。

【材料】

素排300g.、黑胡椒醬1大匙、紅糟醬1大匙。

【做法】

❶ 素排放入油鍋中炸至金黃色。

❷ 撈起盛盤，淋上黑胡椒醬及紅麴醬即可食用。

紅糟醬做法

【材料】圓糯米600g.、紅麴37.5~75g.、米酒少許。

【做法】圓糯米洗淨後泡水2小時，煮熟後加入紅麴與米酒拌勻，裝入瓶中發酵2~3天，即可放入冰箱冷藏。

黑胡椒醬做法

【材料】黑胡椒粉200g.、奶油100g.、月桂葉2片、洋香菜粉5g.、素蠔油、糖酌量。

【做法】以中小火熱鍋，放入黑胡椒粉與奶油炒香，加入少許水及所有材料煮香即成。

紅糟醬

紅麴可以促進血液循環，暖熱身子，最能補養女性內分泌系統，常見產品有紅、白酒釀，紅的比白的補血，屬於一種發酵品，應保存在透明玻璃罐中，擺在陰涼處，不能碰到水份以免腐壞，傳統上可居家自行製造成紅糟醬，而目前生物科技已能大量製成。

烤山藥蔬菜。

焗烤南瓜。

【材料】

南瓜300g.、乳酪絲150g.、白醬2~3大匙

【做法】

❶ 南瓜去皮切塊，放入鍋中蒸5分鐘取出。

❷ 淋上白醬撒上乳酪絲。

❸ 放入烤箱中烤15分鐘至金黃色即成。

白醬做法

【材料】奶油200g.、低筋麵粉1/2杯、鮮奶300c.c.。

【調味料】白胡椒粉1/2小匙、糖1小匙、鹽少許。

【做法】奶油、麵粉入鍋以中火炒香至金黃色，起鍋後加入鮮奶以果汁機攪拌均勻，倒入鍋中煮開調味即成。

焗烤山藥蔬菜。

【材料】

山藥300g.、紅彩椒1/4個、甜豆6個、鮮香菇2朵。

【調味料】

白醬2大匙、乳酪絲200g.。

【做法】

❶ 山藥去皮切長條狀，香菇、彩椒洗淨切塊備用。

❷ 將處理好的所有材料放入焗烤盤中，淋上白醬、撒上乳酪絲。

❸ 放進烤箱烤20分鐘即成。

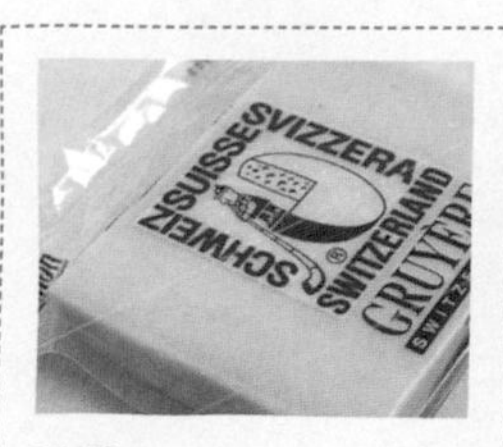

乳酪

乳酪是由新鮮牛奶製成，營養豐富，一般10～12公斤的生乳才能製成1公斤的乳酪，堪稱是乳中精華，含有維生素A、B、D、鈣、鎂和高量鈣質，是成長中青少年和預防骨質疏鬆症婦女的良好鈣質來源，所含的蛋白質容易被人體吸收，且不致造成腸胃負擔。

寶黃芥菜。

寶黃芥菜。

【材料】

紅蘿蔔1條、菜芥600g.（挑中心較軟部份）、
金針菇70g.。

【調味料】

鹽少許、太白粉1/2大匙。

【做法】

❶ 紅蘿蔔去皮後磨成泥，芥菜切斜片後汆燙，金針菇切小段。撈起瀝乾，排入盤中備用。
❷ 起油鍋油將紅蘿蔔泥炒熟，再放入芥菜、金針菇炒熟，加鹽調味後以太白粉勾芡即成。

芥菜

就是我們除夕夜團圓飯桌上不可或缺的「長年菜」，菜株肥長，常被拿來和油膩的食材共煮，富含高纖維、胡蘿蔔素，去油膩、助消化。中心嫩嫩的菜心俗稱芥菜仁，鮮綠好吃，北、中部山區多以清泉水有機栽培，芥菜頭加工醃漬就是「榨菜」，含有大量鐵質。

香草蔬食鍋

香草蔬食鍋。

【材料】

香菇3朵、大白菜1個、秀珍菇10朵、玉米2支、木耳30g.、紅棗5個、碧玉筍2支。

【香料】

薰衣草10g.、迷迭香1g.、月桂葉2片。

【調味料】

鹽少許。

【做法】

❶ 將所有材料洗淨，切成塊狀備用。
❷ 鍋中加入適量水，放進薰衣草及迷迭香及月桂葉煮開。
❸ 依材料順序加入鍋中，並調味即成。

香草

西洋香草共通有著幫助腸胃消化、鎮靜、防腐、清香去腥的作用。薄荷可消除緊張、胃部脹氣、幫助入眠、舒緩神經又清涼醒腦，有助淨化女性血濃帶濁的體質；嚼薄荷葉可消除口臭，泡茶喝可潤喉，促進新陳代謝；迷迭香能釋放活力。

米飯 · 麵食

鬱金香飯

鬱金香飯。

【材料】(4人份)

❶ 米3杯、水3杯。

❷ 奶油1大匙、鬱金香粉1/2小匙、月桂葉2片。

【做法】

❶ 將米洗淨。

❷ 加入材料❷及水煮熟即成。

鬱金香

原產於土耳其，後傳到荷蘭，並成為荷蘭的國花，外形美麗，健胃利膽、鎮痛通經，可治膽道炎、黃膽、胃痙攣、胃潰瘍、胃痛，是健胃的聖品，做菜所取的是鬱金香的花瓣部分，乾燥花瓣粉加水煮飯，能呈現淡淡金黃色澤和增添芳香氣味。

核桃

又稱胡桃，含有蛋白質、脂肪、維生素A、維生素E、多種礦物質、及人體所必需的八種氨基酸，比雞蛋、牛奶更營養，能補腎溫肺、潤腸、治療腰膝痠軟、虛寒喘嗽的功效，並有健腦的作用。

健康核桃飯。

【材料】（4人份）

核桃40g.、米3杯、水3杯、昆布10公分、醬油1大匙、糖1小匙。

【做法】

❶ 米洗淨。

❷ 加入所有材料拌勻後煮熟即成。

梅干
含有蛋白質、鈣、磷、鐵、鈉、蘋果酸、枸櫞酸、酒石酸、氨基酸，可促進新陳代謝，預防動脈硬化，健胃整胃，常吃可改善酸性體質為鹼性，防治慢性病，可取代糖、鹽等醃漬物入菜，清爽入口，並降低食用過多醃漬物的致癌因子。

梅干五穀飯。

【材料】(4人份)

❶ 五穀米3杯、水3杯。

❷ 梅干菜300g.、香菇3朵、薑片3片、蠔油少許。

【做法】

❶ 五穀米洗淨，加水煮熟。

❷ 梅干菜洗淨切小段。香菇泡軟切小塊。

❸ 起油鍋，放入香菇炒香，加入梅干菜以小火煮20分鐘，淋入蠔油調味即成。

香椿松子炒飯

香椿松子炒飯。

【材料】（4人份）

❶ 五穀米2杯、3杯水。

❷ 鮮香菇2朵、紅蘿蔔1/3條、火腿2片。

❸ 青豆仁50g.、松子少許。

【調味料】

香椿醬1大匙、鹽少許。

【做法】

❶ 五穀米洗淨，加水煮熟；放冷備用。

❷ 紅蘿蔔洗淨，將香菇、紅蘿蔔、火腿切丁。

❸ 起油鍋，放入香菇丁爆香，加入紅蘿蔔、火腿丁、五穀飯及調味料炒香，加入材料❸炒熱即成。

香椿

香椿芽有濃郁的香氣，質脆、多汁、味甜、無渣，富含蛋白質、脂肪、維生素C、B、胡蘿蔔素、纖維素及磷、鈣、鐵，是典型的「無公害」蔬菜，香椿拌豆腐、香椿炒蛋都是清熱解毒、健胃理氣、殺蟲固精、對抗金黃色葡萄球菌、桿菌的好菜。

香椿醬做法

【材料】 香椿嫩芽100g.、橄欖油250c.c.、鹽少許。

【做法】 所有材料放入果汁機攪拌均勻，裝入密封罐密封，放置冷凍庫保鮮即成。

金黃咖哩飯。

金黃咖哩飯。

【材料】（4人份）

白飯3碗、馬鈴薯3個、紅蘿蔔1條、素肉塊150g.、青豆仁70g.。

【調味料】

咖哩粉2~3大匙、糖1小匙、鹽少許、太白粉1大匙。

【做法】

❶ 素肉塊泡軟，擠乾。馬鈴薯洗淨去皮切大丁。紅蘿蔔洗淨切小丁。

❷ 素肉塊、馬鈴薯放入熱油鍋中，以中火炸至金黃色撈出備用。

❸ 鍋中倒入6碗水，依序加入紅蘿蔔、馬鈴薯、素肉塊、青豆仁煮熟，加入咖哩粉、糖、鹽調味後，以太白粉芶芡淋在飯上即成。

咖哩

咖哩中所含的辣味成分香辛料會刺激唾液和胃液的分泌，加速腸胃蠕動、引起食欲，香辛料經人體吸收後，會促進血液循環，達到發汗目的，因為發汗可以使體温下降，所以亞熱帶的人們特別喜歡吃辛辣的咖哩料理，兼能達到消毒、滅菌的效果。

巧蔬細麵

巧蔬細麵。

【材料】（4人份）

細麵300g.、高麗菜1/2個（約250g.）、紅蘿蔔1/2條、香菇4朵、芹菜2株、木耳2朵。

【調味料】

胡椒少許、冰糖1/2小匙、沙茶醬1小匙、醬油1大匙。

【做法】

1. 除細麵外，所有材料洗淨切絲。
2. 熱油鍋放入香菇絲爆香，加入調味料與2碗水，再依序加入全部材料炒熟即成。

木耳

木耳種類有黑、白、紅三種，以前栽種上以段木為主，現在則將菌種植入段木中，培植菌絲，採太空包栽培方式，木耳含有大量的碳水化合物、蛋白質、脂肪、纖維素、膠質、鐵、胡蘿蔔素、維生素B_1和B_2、鈣、磷，能防治貧血，退火養顏。

芹菜

主要分為普通芹菜與西洋芹菜，前者適用於炒食，後者則多做沙拉生食，芹菜含鈣、磷、鐵、鈉、鉀、纖維、維生素A、C、B_1、B_2，為避免營養素流失，應趁鮮食用，未用完的以塑膠袋包好放冰箱冷藏，打汁生飲更具降低膽固醇、預防高血壓、血管阻塞的功效。

青紫蘇麵

青紫蘇麵。

【材料】（4人份）

❶ 烏龍麵600g.、紅蘿蔔80g.、金針少許。

❷ 鮮香菇4朵、玉米1支、茭白筍1支、青花菜1/2棵。

【調味料】

青紫蘇末1小匙、鹽少許。

【做法】

❶ 金針泡軟，紅蘿蔔切片。材料❷洗淨切小塊，

❷ 紅蘿蔔、金針及材料❷放入鍋中煮熟，再將烏龍麵放進湯汁中一起煮2分鐘，撒上青紫蘇末及鹽調味即成。

青紫蘇

青紫蘇的營養豐富，屬於香草植物的一種，可發汗解熱、健胃鎮咳、利尿解毒，鎮痛鎮靜，特別能幫魚蟹去腥，例如佐生魚片食用，兼能解除中毒的嘔吐腹痛，日本進口的青紫蘇能整腸抗癌，是口感獨特的清香食材，很適合生食。

麻香乾麵線

麻香乾麵線。

【材料】（4人份）

❶ 麵線300g.、芹菜1株、老薑3片、枸杞少許。

❷ 黃耆10片、當歸2片。

【調味料】

麻油1大匙、冰糖少許。

【做法】

❶ 芹菜洗淨切末。

❷ 鍋燒熱加入麻油、老薑爆香，加冰糖去掉燥熱，放入2碗水與材料❷煮10分鐘，撈掉渣漬，留下湯汁備用。

❸ 另一鍋中加8碗水煮開，放入麵線煮熟，撈起盛盤，淋上麻香湯汁，撒下枸杞及芹菜末即成。

當歸

當歸非常養肝補血，是女性調經、治療經期頭暈眼花症候群的恩物，另有潤腸通便作用，不過腹瀉者禁用，選擇上以長身、體型肥大、氣味香濃者為上品，尤以甘肅南部和四川岷山所產最佳。

苦茶油

油的好壞，要看所含脂肪酸的比例而定，單元不飽和脂肪酸含量越高，代表油脂越安定，苦茶油由苦茶籽榨油而成，是安定的健康油，有助於降低血中膽固醇，預防動脈硬化、心臟病，並能滋潤皮膚和頭髮。

苦茶油麵線。

【材料】（4人份）

麵線300g.、紫高麗菜60g.、青江菜50g.。

【調味料】

苦茶油2~3小匙。

【做法】

1. 青江菜洗淨對切開、紫高麗菜洗淨切絲，一起　燙備用。
2. 鍋中加水煮開放入麵線煮熟後撈起。
3. 淋上苦茶油拌均勻，加入青江菜及紫高麗菜即可食用。

南瓜
含有豐富的維生素B、胡蘿蔔素，適宜煮湯、製成南瓜餅或蛋糕，南瓜子可防治攝護腺腫大、攝護腺癌，成年男性可常吃南瓜子或多喝南瓜湯來達到保健養生的目的，散發甜味的南瓜富含高纖維，可促進腸胃道蠕動，防治便秘。

南瓜炒米粉。

【材料】（4人份）

南瓜1個、米粉1包、鮮香菇6朵、芹菜1株。

【調味料】

冰糖1小匙、胡椒1小匙、鹽少許。

【做法】

❶ 米粉泡軟，南瓜去皮去籽切絲、香菇洗淨切絲、芹菜洗淨切段。
❷ 起油鍋放入香菇爆香，依序加入南瓜、芹菜、米粉炒熟，調味後盛盤即可食用。

糯米

糯米一般有黑糯米、紅糯米及白糯米之分，黑糯米有很高的營養價值，富含維生素、礦物質和4種人體必需氨基酸，是產婦坐月子的最佳食補，又稱為老人的長壽米，貧血者的補血米，可加蓮子或麥片同煮。紅糯米就是紅粟米，富含蛋白質、鐵質和維生素A，護眼滋補、產婦坐月子均宜。

荷葉糯米卷。

【材料】

長白糯米600g.、芋頭丁200g.、火腿丁200g.、香菇丁100g.、青豆仁少許、荷葉1片。

【調味料】

鹽少許、胡椒1/2小匙、醬油1大匙。

【做法】

❶ 糯米洗淨泡軟，濾乾備用。

❷ 起油鍋爆香香菇，依序加入芋頭丁、火腿丁、糯米、青豆仁炒香，加入調味料後蒸熟。

❸ 荷葉切成8小片，分別包入適量蒸好的糯米飯，繼續蒸10分鐘至聞到荷葉香即成。

苜蓿

在歐美地區是做為家畜的牧草、飼料，或做為綠肥之用，由於近年來流行有機、生機飲食，苜蓿幼芽一躍而成餐桌上的嘉賓，苜蓿芽含鈣、磷、鐵、維生素A、C、B_1、B_2、菸鹼酸，可預防營養不良、便秘、神經質等症狀，也可消除疲勞。

芽菜手卷。

【材料】

❶ 全麥春卷皮2張、麵糊少許。

❷ 苜蓿芽、小黃瓜、紫高麗菜、蘋果、紅蘿蔔、芹菜各適量。

【調味料】

小麥胚芽1小匙、調味海苔粉1小匙、細糖粉1小匙。

【做法】

❶ 材料❷洗淨濾乾切絲備用。

❷ 全麥春卷皮攤開，放上材料❷，依序加進所有的調味料，再包捲成圓條狀，以麵糊黏合固定春卷皮，對半斜切成2塊即成。

蔬食鍋貼。

蔬食鍋貼。

【材料】

高麗菜1/2個、水餃皮25~30張、香菇3朵、薑末少許。

【調味料】

鹽1小匙、胡椒1/2小匙、香油1小匙。

【做法】

1. 香菇洗淨切碎，高麗菜洗淨切末，加少許鹽醃10分鐘，將水擠乾。
2. 起油鍋爆香香菇，待涼後與高麗菜、調味料、薑末拌勻成餡。
3. 水餃皮包入適量的高麗菜餡包成鍋貼，入鍋煎熟即成。

高麗菜

富含維生素B、C、礦物質和高纖維，有治胃潰瘍、補腎、強化骨骼、健腦等作用，對於老人有腎虛現象尤其是腰腿無力，全身筋骨虛弱、耳鳴健忘者有良效，可以多吃，胃痛無食欲的時候，應加熱食用，高麗菜也可製成泡菜，更能促進食欲。

紅油炒手

紅油炒手。

【材料】

❶ 荸薺末、芹菜末、香菇末各少許、素漿300g.。

❷ 餛飩皮25張、蔥段1/2支、紅辣椒末少許。

【調味料】

胡椒粉1/2小匙、香油1小匙、鹽少許、紅油1~2小匙。

【做法】

❶ 荸薺末、芹菜末、香菇末加入素漿中，撒入胡椒粉、香油及鹽調味備用。

❷ 餛飩皮包入適量的餡料成元寶狀。

❸ 鍋中加水煮開，放入餛飩煮熟，撈起盛盤後撒上紅辣椒末，再淋上紅油即成。

紅油醬

原本屬於四川菜裡的紅油醬，可採有機材料調成，八角、花椒、玉桂片、乾紫蘇、乾燥紅辣椒粒加200c.c.辣椒油，調製成紅油醬，味道清香，有促進發汗的功用，用這醬汁來拌著麵餃食用，可增進食欲。

點心・飲品

如意榴蓮卷

如意榴槤卷。

【材料】

榴槤300g.、乾豆腐皮3張、小黃瓜1條、素火腿150g.、杏仁片少許。

【調味料】

麵粉1/2杯、炸酥粉1/2杯、鹽、糖各少許。

【做法】

1. 小黃瓜洗淨切3公分長條加少許鹽醃5分鐘。素火腿切3公分長條狀。
2. 乾豆腐皮切成8公分正方型，放上適量的小黃瓜、火腿、榴槤包捲好。
3. 所有調味料加水調成麵糊。
4. 將榴槤卷依序沾上杏仁片及麵糊，入鍋炸至金黃色即成。

榴蓮

熱補元氣，不宜多吃以免上火，榴槤以泰國產地為最佳，尤其是金枕頭品種的果肉金黃，能溫補身體，很受歡迎，但因味道特異，一旦剖開榴槤外殼，就會在密閉房間、冷氣室內或車廂裡、冰箱中飄染出強烈異味，因此應趕緊趁鮮吃完。

紅豆

又稱赤小豆，性平，味甘酸，補血，解毒利尿、行血消腫排膿，可治水腫、腳氣病、黃膽、濕熱瀉痢、熱毒癰腫，選擇紅豆以顆粒飽滿、散發光澤、無雜質者為佳，通常用來煮湯和製成甜點，由於紅豆有行血的作用，孕婦不宜食用。

紅豆芝麻球。

【材料】

紅豆300g.、糯米粉600g.。

【調味料】

奶油、糖、黑白芝麻各少許。

【做法】

❶ 紅豆洗淨泡水4小時，煮熟加入奶油、糖攪成泥備用。

❷ 糯米粉加水及少許奶油揉成糰，分成8等份揉成圓球狀。

❸ 將做法❶之紅豆泥，包進糯米球中揉圓並沾上芝麻。

❹ 鍋中加入油燒熱，將芝麻球炸至金黃色即成。

麵粉

麵粉分為高筋、中筋、低筋3種，高筋麵粉主要用來製麵包，低筋麵粉做蛋糕，中筋麵粉是由硬紅冬麥磨製的，蛋白質含量不太高，筋度不強，吸水量適中，適合製作家庭西點麵包之用，又稱為通用麵粉，目前已有進口有機麵粉產品。

鄉村薄餅。

【材料】

中筋麵粉600g.。

【調味料】

鹽、油少許、香椿醬少許。

【做法】

1. 麵粉放在工作檯上圍成環狀，加入1碗100℃熱水揉成柔軟的麵糰，再加上10c.c.油搓揉至均勻有彈性，分成6等份擀成薄餅狀。
2. 鍋中入油燒熱，放入薄餅煎至金黃色即成。
3. 盛盤後抹些香椿醬裝飾。

茯苓

滋養脾胃和心臟，有益治療健忘和消化不良，市面上有賣的茯苓糕對於老人和小孩都有開脾益智的良效。選購上以白色細膩有粉滑感、質地鬆脆，尤其是雲南野生品的質地最佳。

茯苓桔梗銀耳湯。

【材料】

銀耳75g.、紅棗10粒、茯苓、桔梗、蓮藕片各少許。

【調味料】

冰糖少許。

【做法】

1. 銀耳、紅棗洗淨泡軟備用。
2. 所有材料加水放入電鍋中燉煮20分鐘，加入冰糖調味即成。

芋頭

芋頭有黏性，含有高纖維質和維生素B、C，具有補腎脾、補陰氣不足的作用，身體瘦弱、食慾不振、體力差、容易下痢、口乾者應多食，對於治療乾燥性的便秘、去瘀、甲狀腺腫大、身體有硬塊者也有效，能增加飽足感，減肥者很適合食用。

蓮子

蓮子屬於睡蓮科，味甘帶澀，性平，能補脾養心，整腸固精，具有治療脾虛泄瀉、多夢遺精、頻尿、白帶的功效。石蓮子以色黑、飽滿、質地堅硬者為佳，能滋陰補腎；建蓮子以個頭大、飽滿、表皮黃色平滑者為佳，能健胃強壯；青綠色的蓮子心則可以清心寧神。

芋頭蓮子。

【材料】

芋頭1個、蓮子300g.。

【調味料】

冰糖少許。

【做法】

❶ 蓮子洗淨。芋頭去皮切丁備用。

❷ 蓮子加水放入電鍋中燉15分鐘，再加入芋頭，燉10分鐘，燉熟加入冰糖調味即成。

三仁茶

三仁茶。

【材料】

薏苡仁350g.、杏仁300g.、松子仁150g.。

【調味料】

冰糖少許。

【做法】

❶ 所有材料泡水20分鐘，以果菜機磨成漿。

❷ 鍋中加入三仁漿汁，以中火煮開再加入冰糖即成。

杏仁

杏仁味苦、性微温，帶有小毒，含有蛋白質、杏仁油，能潤肺祛痰，清香止渴、滋潤養顏，可治療習慣性便秘，但三歲以下幼兒最好禁用。

松子仁

松子仁含熱量和脂肪較高，含有油酸脂、亞麻油、蛋白質，有益滋潤皮膚、温熱腸胃、抗衰老的作用，能治療頭暈目眩、滋補虛弱的體質、温胃潤腸、益胃治咳、滋養五臟，可當零食吃或撒在生菜沙拉上食用。

薏苡仁

薏苡仁味甘淡，性微寒，藥用的部分是取其種子，可淨白皮膚、去黑斑、改善粗糙皮膚，具有健脾補脾、清熱止瀉、利水排膿、益治水腫、腳氣病、婦女白帶、肺痿的功效，因有治腹腫作用故孕婦不宜食用。

石斛蘆根薄荷茶

石斛蘆根薄荷茶。

【材料】

石斛、蘆根、薄荷葉各適量。

【做法】

❶ 鍋中倒入300c.c.熱水，加入石斛、蘆根浸泡10分鐘。

❷ 加入薄荷葉泡1分鐘即可飲用。

石斛與蘆根

蘆根含有醣質、膠質、蛋白質，能健胃潤肺；石斛係採用石斛蘭的梗，能養脾胃、益心腎、退虛熱。石斛、蘆根加薄荷泡茶有助發汗、退熱、消暑氣，具有健胃通經功效，一般使用乾燥材料再加鮮薄荷，更可清新提神，精神舒爽，口氣芳香。

糙米昆布綠茶湯

糙米昆布綠茶湯。

【材料】

糙米300g.、昆布、有機綠茶各少許。

【做法】

❶ 糙米放入鍋中炒至略呈金黃色，昆布洗淨備用。

❷ 將炒過之糙米與昆布放進壺中，加入水煮5分鐘，再加入有機綠茶即成。

綠茶

綠茶含有兒茶素、維生素B_1、C，能促進胃液分泌，具有消脂減肥、止渴助消化、抗老抗癌的作用，但晚上不宜喝多綠茶或喝得太濃，可能會導致睡不著。乾燥、鮮綠的茶葉最好，市面上也有綠茶粉可供選擇。

糙米

糙米富含胺基酸和維生素E、B群，可預防心血管疾病、補充鈣質骨本、安定神經、減輕壓力、健胃整腸助消化，有助保持窕窈身材，滋滑皮膚避免乾裂，採行有機飲食法可從糙米開始，漸次取代營養低的精製白米，並慢慢加進燕麥等五穀雜糧類一起食用。

昆布

昆布屬馬尾藻科，又名裙帶菜，全草皆可食用，帶著鹹味，能利水清熱、化痰去咳，可治療淋巴腺腫、甲狀腺腫。一般食用法是煮昆布紫菜湯，讓其釋出營養成分，較易於吸收，由於已含有天然鹽份，食用時避免再加鹽巴，以免造成腎臟負擔。

紅龍果

含有豐富的胡蘿蔔素、維生素B_1、B_2、B_3、B_{12}、C，果核內更含豐富的鈣、磷、鐵等礦物質和酵素、蛋白、纖維質，以及高濃度天然色素花青素(尤以紅色果肉的紅龍果為最)，可預防貧血和口角炎症、護眼、降低膽固醇、治便秘、美白。

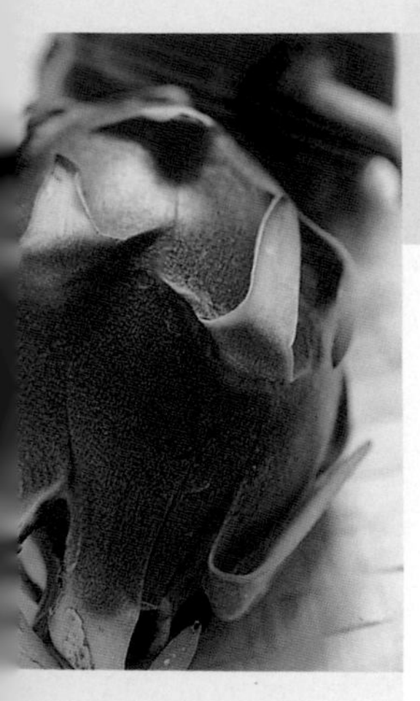

苜蓿芽紅龍果汁。

【材料】

苜蓿芽200g.、鮮奶200g.、蜂蜜1大匙。

【做法】

❶ 苜蓿芽洗淨、紅龍果切塊與鮮奶一起放入果汁機中打勻。

❷ 加入蜂蜜調勻後過倒入杯中即成。

馬鈴薯
馬鈴薯被譽為「窮人的蘋果」，原產地在智利，是當地的主要糧食，隨著西班牙人發現美洲後傳至歐洲、印度、爪哇等地。馬鈴薯可以加大蒜、橄欖油攪拌成香濃的法國醬汁。台灣的克尼伯品種馬鈴薯質地鬆散，富含澱粉質、維生素 B_1、C 、礦物質，很耐冷藏儲存。

馬鈴薯山藥汁。

【材料】

馬鈴薯1/2個，山藥300g.，鳳梨少許。

【調味料】

蜂蜜少許。

【做法】

❶ 馬鈴薯、山藥、鳳梨去皮切小塊。

❷ 一起放入果汁機內打均勻，再加上蜂蜜調味即可飲用。

酒釀梅汁

高麗菜汁。

酒釀梅汁。

【材料】

糙米600g.。

【調味料】

糖蜜10c.c.、梅汁少許。

【做法】

❶ 將糙米煮熟，加入糖蜜，放入玻璃甕中。

❷ 發酵7天成酒釀後，放進冰箱保存。

❸ 取出適量的酒釀加入梅汁及適量冰開水調勻 (或煮熱)即成。

梅子
含有豐富的營養成份，蛋白質含量是柑桔的兩倍以上，鈣、磷、鐵、鈉元素比其他水果的含量高，所含有機酸和氨基酸可健胃整腸，促進新陳代謝，改善酸性體質，化解農藥等毒素，所以有些便當會放粒梅子，保持乾燥防腐壞並增進食欲。

高麗菜汁。

【材料】

紫高麗菜200g.、白高麗菜200g.、鳳梨50g.、蜂蜜1大匙。

【做法】

❶ 紫、白高麗菜洗淨切塊，鳳梨切塊。

❷ 一起放入果汁機，加入蜂蜜及適量的冷開水打勻，過濾倒入杯中即成。

紫高麗菜
紫高麗菜即是紫甘藍，屬於十字花科蔬菜，富有鐵質與纖維，營養價值很高，含有豐富的碳水化合物及維生素A、B_2、C、U、鈣、磷、蛋白質等，生吃最能完整保存C與U的成分，也可以醋醃，醋與維生素結合後，更有助於改善腸胃功能。

鳳梨牧草汁

山藥彩椒汁。

鳳梨牧草汁。

【材料】

牧草200g.、鳳梨200g.、檸檬汁1小匙、蜂蜜1大匙。

【做法】

❶ 牧草洗淨切塊、鳳梨去皮切塊。

❷ 一起放入果汁機中加入檸檬汁與蜂蜜打勻，過濾倒入杯中即可飲用。

山藥彩椒汁。

【材料】

山藥100g.、紅甜椒100g.、回春水50c.c.。

【調味料】

蜂蜜少許。

【做法】

❶ 山藥洗淨去皮切塊、紅甜椒洗淨切塊。

❷ 放入果汁機中加入回春水攪拌均勻，加入蜂蜜調味即可飲用。

牧草

富含高纖維和葉綠素、礦物質、維生素A、B、C，尤其纖維粗大，最能促進腸胃蠕動，幫助消化，整治乾燥性便秘疾病，以往牧草是牛羊動物食用的蔬食，但在有機飲食風的帶動下，人們也開始取用完全不噴灑農藥的牧草，來幫助治療文明病。

蜂蜜

蜂蜜是一種天然食品，能美容養顏，大部分由可直接被人體吸收的單糖組成，不含脂肪，更含有多種維生素、礦物質、氨基酸，可迅速補充體力。含有抗菌成份，加上高糖份、低水份的特性，可以緩解口腔潰瘍、加速傷口癒合，更可用來當做喉糖，以減輕喉嚨發炎所產生的乾燥疼痛。

馬鈴薯蘋果汁

地瓜葉蜜瓜汁

馬鈴薯蘋果汁。

【材料】

馬鈴薯300g.、蘋果1個、鳳梨3片。

【調味料】

蜂蜜少許。

【做法】

❶ 馬鈴薯、蘋果洗淨去皮切塊，鳳梨切塊。

❷ 放入果汁機中，加入適量冷開水打成汁，再加入蜂蜜調勻即成。

地瓜葉蜜瓜汁。

【材料】

哈蜜瓜200g.、地瓜葉200g.、檸檬汁1小匙、蜂蜜1大匙。

【做法】

❶ 哈蜜瓜去皮切塊、地瓜葉洗淨切細條。

❷ 放入果汁機中，加入適量冷開水、檸檬汁、蜂蜜打勻後，過濾倒入杯中即成。

鳳梨

鳳梨富含醣類、纖維、維生素C、E及鈉、鐵、鈣等，風味特殊，吃了口齒留香又有幫助消化的功效。一年四季都有生產，但生產旺季在四～八月。選購時最好挑底部有一半以上具有金黃色暈，且上半段尚呈淺綠色，鱗目大又明顯，拿起來有沈重感覺，色澤醒目者品質較佳。

地瓜葉

地瓜葉潤燥生津，和血安神，補中益氣，滋潤五臟，強壯腎陰，可治濕熱黃膽、口燥心煩、小便黃赤，地瓜葉極易種植，可不必施灑農藥，是很健康的有機蔬菜，富含葉綠素和高纖維、礦物質，常吃可幫助消化，防治便秘。

精力湯

紅龍果酪梨汁

精力湯。

【材料】

❶ 紅蘿蔔汁300c.c.、回春水50c.c.、大豆卵磷脂1/2匙、小麥胚芽1/2匙、啤酒酵母1/2匙。

❷ 堅果（任選2種）、苜蓿芽、地瓜葉、蘋果、奇異果、蜂蜜、海藻類各少許。

【做法】

❶ 蘋果、奇異果去皮切丁，堅果、海藻洗淨泡水20分鐘軟化。

❷ 所有材料依照纖維粗細程度順序放入果汁機攪打均勻即成。

回春水

回春水是由小麥催芽經72小時培育，挑棄未發芽的種子後，浸泡淨水再經過48小時室温醱酵與加水冷藏醱酵所製成，在經過一連串去蕪存菁的步驟之後，擷取了最健康的酵母菌與酵素，可以幫助營養吸收，舒緩腸胃疾病，是有機飲食裡的重要飲品。

酪梨

酪梨含有β-胡蘿蔔素、維生素B群、C、E、必需脂肪酸與多種礦物質。脂肪含量特別高（可食部份約含有10%的脂肪），但是這些脂肪的主要成份，是對人體有益的單元不飽和脂肪酸及必需脂肪酸，有利於血脂肪的控制。這些脂肪也使得酪梨脂溶性維生素（如維生素E與β-胡蘿蔔素等）的含量比其他的水果高且更容易吸收。

紅龍果酪梨汁。

【材料】

紅龍果200g.、優酪乳200g.、酪梨100g.、蜂蜜1大匙。

【做法】

❶ 紅龍果、酪梨切塊放入果汁機中。

❷ 加入優酪乳、蜂蜜打勻，過濾倒入杯中即成。

香蘋芒果汁
五葉松蘋果汁。

香蘋芒果汁。

【材料】

蘋果1個、芒果1個、檸檬汁1小匙、果糖少許。

【做法】

1. 蘋果去皮、芒果去皮去籽，切塊放入果汁機中。
2. 加入果糖與檸檬汁一起打勻，過濾倒入杯中即成。

五葉松蘋果汁。

【材料】

五葉松200g.、蘋果1個。

【調味料】

檸檬汁1小匙、蜂蜜1小匙。

【做法】

1. 蘋果去皮切塊榨汁備用。
2. 五葉松切小段放入果汁機中，加適量冷開水打勻，濾入杯中，加入蘋果汁、檸檬汁及蜂蜜調勻即成。

芒果

維生素A含量豐富，對上皮細胞和黏膜的修復相當有效，受傷破皮時可幫助皮膚組織癒合。芒果也富含了β胡蘿蔔素，可抗癌、抗氧化和防止老化。

五葉松

因為枝葉形狀像是伸出五小片針狀葉片而得名，在台中縣、南投埔里越高冷山上的五葉松，品質越佳，富含能抗癌的維生素B_{17}及能保護攝護腺和強化造血功能的微量元素鋅、錳等礦物質，特別可貴。烹調上先經清洗後剪成小段，與蘋果一起打成汁再加檸檬汁和蜂蜜飲用，或用來浸酒可強健筋骨。

國家圖書館出版品預行編目資料

有機飲食的第一本書—70道新世紀保健食譜/ 陳秋香著.
— 初版 —
臺北市：朱雀文化，2002[民91]
面； 公分. —(COOK50；36)
ISBN 957-0309-72-5(平裝)

1. 食譜

427.1 P1016315

COOK50036
有機飲食的第一本書
——70道新世紀保健食譜

作者 陳秋香
文字撰寫 林麗娟
攝影 張緯宇
版型設計 鄧宜琨
食譜編輯 洪嘉妤
企畫統籌 李 橘
出版者 朱雀文化事業有限公司
地址 北市建國南路二段181號8樓
電話 02-2708-4888
傳真 02-2707-4633
劃撥帳號 19234566 朱雀文化事業有限公司
e-mail redbook@ms26.hinet.net
網址 http:// redbook.com.tw
總經銷 展智文化事業股份有限公司
ISBN 957-0309-72-5
初版一刷 2002.10

定價 280元
出版登記 北市業字第1403號